ML. MOHAMMED KALEEM ARSHAN

BIOINFORMÁTICA

ML. MOHAMMED KALEEM ARSHAN

BIOINFORMÁTICA

MODELAGEM MOLECULAR, ACOPLAGEM E ESTUDOS MOLECULARES DINÂMICOS DO LEPIDÓPTERO QUITINA-SINTASE 1 COM SEUS INIBIDORES

ScienciaScripts

Imprint
Any brand names and product names mentioned in this book are subject to trademark, brand or patent protection and are trademarks or registered trademarks of their respective holders. The use of brand names, product names, common names, trade names, product descriptions etc. even without a particular marking in this work is in no way to be construed to mean that such names may be regarded as unrestricted in respect of trademark and brand protection legislation and could thus be used by anyone.

Cover image: www.ingimage.com

Este livro é uma tradução do original publicado sob ISBN 978-620-3-19989-5.

Publisher:
Sciencia Scripts
is a trademark of
Dodo Books Indian Ocean Ltd., member of the OmniScriptum S.R.L Publishing group
str. A.Russo 15, of. 61, Chisinau-2068, Republic of Moldova Europe
Printed at: see last page
ISBN: 978-620-3-66966-4

 **Dr. ML. Mohammed Kaleem Arshan** trabalha actualmente como Professor Assistente no Departamento de Biotecnologia, Islamiah College (Autonomous), Vaniyambadi Índia. Obteve o seu B.Sc., M.Sc. no mesmo Colégio e o seu Ph.D. em Biologia Marinha. Publicou 26 artigos de investigação,7 capítulos em Reputed National and International Journals. Ganhou o **prémio de Melhor Cientista** em **Ecologia Marinha** para o ano de 2018. Depositou 100 sequências de ADN no GenBank, NCBI, EUA. Para seu crédito, descobriu **DOIS Novas Espécies** que são novas para a ciência e também criou 51 códigos de barras de ADN para 25 espécies na Base de Dados de Código de Barras da Vida.

ABSTRACT

Os membros do Lepidoptera distinguem-se na fase adulta pela densa cobertura de escalas sobrepostas na cabeça, corpo e apêndices, incluindo os dois pares de asas membranosas. As envergaduras das asas variam de cerca de 3 mm a 280 mm. As espécies Lepidoptera utilizam todas as partes das plantas - raízes, tronco, casca, ramos, galhos, folhas, botões, flores, frutos, sementes, galinhas e material caído. As larvas que se alimentam em situações ocultas - brocas de madeira, mineradores de folhas e cascas, portadores de caixas, fileiras de folhas e rolos de folhas - pertencem geralmente a famílias mais primitivas; os alimentadores expostos, especialmente aqueles que se alimentam durante o dia, são de linhagens mais recentes. Foram seleccionadas oito diferentes proteínas não caracterizadas que pertencem à família dos lepidópteros, a sua estrutura foi modelada e validada. Depois a estrutura foi ancorada contra quatro inibidores conhecidos tais como diflurobenzen, etoxazole, polyoxin e nikkomycin e analisou-se a sua interacção. Foram tomadas as ligaduras mostrando uma melhor interacção com as proteínas e em que o melhor complexo de interacção (*S. exigue* com polioxina) foi seleccionado e feita simulação para analisar a sua estabilidade. Assim, pode concluir-se que a polioxina pode ser tomada como inibidor adequado para estudo *in-vitro*.

INTRODUÇÃO

a) ***LEPIDOPTERA SPECIES***, também conhecida como broca de caule malhado (SSB), provavelmente invadiu a África da Índia por vezes antes de 1930. A SSB é altamente invasiva; tendo deslocado parcialmente uma espécie de broca de caule relacionada, *C. orichalcociliellus* em várias áreas, incluindo as regiões de baixa altitude e costeiras de milho do Quénia. A SSB apresenta metamorfose completa, incluindo os estádios de ovo, larval, pupal e adulto. A SSB completa 1, 2 ou mais gerações por ano, dependendo da localização e do número de culturas de milho ou outros hospedeiros disponíveis ao longo do ano. Larvas de SSB pupas dentro do caule do milho. Antes da pupa, a larva totalmente cultivada corta um buraco de saída para permitir que a traça adulta emerja da planta. As lesões de SSB no milho incluem a alimentação das folhas, a escavação de túneis, dentro do talo, a interrupção do fluxo de nutrientes para a espiga, e o subsequente desenvolvimento de "corações mortos".

Nos insectos, a síntese de quitina é crucial para o crescimento e desenvolvimento, uma vez que a quitina forma grande parte do exoesqueleto cuticular do animal que é regularmente derramado e substituído por uma nova cutícula. A quitina é também encontrada nas estruturas internas dos insectos e protegendo o epitélio intestinal de perturbações mecânicas, espécies radicais de oxigénio e invasão por microrganismos. A formação de quitina nos insectos está a atrair maior interesse, pela sua relevância como recursos renováveis para a indústria químico-farmacêutica. Além disso, as enzimas sintetizadoras de quitina podem revelar-se promissoras como alvos de novos insecticidas.

Em *Drosophila*, foi demonstrado que as mutações no gene CHS1 são alélicas com *kkv*, um gene que foi originalmente identificado no ecrã para uma deformação grave do cutical da cabeça. A interferência do RNA, bem como as mutações em *Drosophila*, sugerem que o desenvolvimento do insecto depende da expressão precisa dos genes da quitina sintase. A síntese da quitina é activada pela tripsina e outras proteases serinas em numerosos sistemas fúngicos e de insectos, sugerindo que a quitina inactiva é sintetizada como um enzimogénio. A análise da expressão da quitina sintase durante a metamorfose de *Drosophila* indica que a ecdisterona tem um papel regulador nos níveis de transcrição *CHS-1* (DmeChSB) e *CHS-2* (DmeChSA). Na levedura, três genes diferentes codificam a síntese da quitina, *CHS1, CHS2 e CHS3*.

b) ESTRUTURA DO CHITIN

A quitina é um polímero linear de β-(1,4)-linked 2-acetamido-2-deoxy- *β-D-glucopyranoside*. A quitina está tipicamente presente como microfibrilas de comprimento e diâmetro variáveis. As cadeias individuais de quitina dentro das microfibrilas estão ligadas por ligações de hidrogénio entre os grupos carbonilo e amino de *N-acetilglucosamina*. Na natureza, a quitina ocorre em três formas conhecidas como α-, β-, e γ-chitin. Em α-chitin, as cadeias adjacentes estão dispostas numa orientação antiparalela, enquanto que em β-chitin as cadeias estão dispostas de forma paralela. Em γ-chitin, as cadeias estão agrupadas em conjuntos de três fios onde duas cadeias formam uma orientação paralela e uma antiparalela. As microfibrilas de quitina da α-chitina são firmemente embaladas e esta forma é estabilizada por um elevado número de ligações de hidrogénio entre cadeias. A forma mais estável termodinamicamente é a α-citina, que é também a forma mais abundante. As cutículas de insectos são compostas principalmente de α-chitina, o que confere o mais alto grau de resistência e estabilidade. Ao contrário do α-chitin, β- e γ-chitins são menos compactados e formam um maior número de ligações de hidrogénio com água, resultando num maior grau de hidratação em relação ao α-chitin. Devido à sua estrutura aberta, a β-chitina é mais fácil de modificar enzimática. Tanto β-chitin como γ-chitin formam assim uma estrutura quitinosa mais flexível e macia, como o PM e o casulo.

FIGURA 1. A unidade de dimerização do polímero de quitina.

c) OCORRÊNCIA DE SÍNTESE DE QUITINA EM INSECTOS:

A quitina está espalhada por todo o Insecto, que utiliza este notável biopolímero em várias estruturas anatómicas. As duas principais estruturas extracelulares onde o depósito de quitina ocorre nos insectos são a cutícula que sobrepõe a epiderme e a membrana peritrófica que reveste o intestino médio. Além disso, a deposição significativa de quitina ocorre nas traqueias, que formam espessuras espiraladas dentro do tronco traqueal conhecidas como taenidia. O revestimento do antebraço e do hindgut, conhecido como intima, é também composto por quitina. A quitina é também encontrada nas glândulas salivares e nas partes da boca de alguns insectos. O teor de quitina da massa seca exuvial pode atingir os 40%, mas varia consideravelmente dependendo da espécie de insecto e do tipo de cutícula.

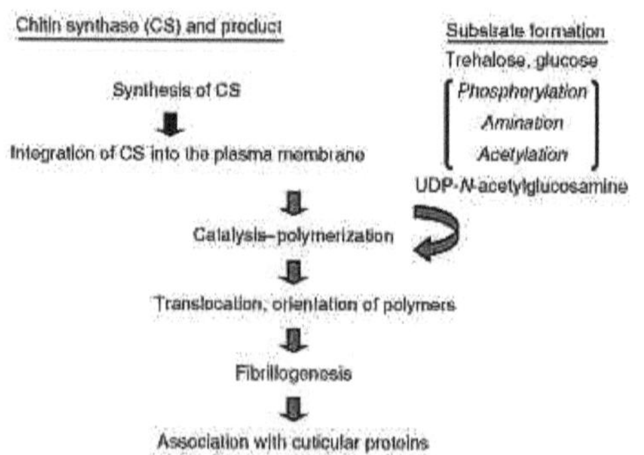

FIGURA 2. Formação e deposição de polímeros.

d) O EXOSKELETON INSECT EXOSKELETON

A cutícula do insecto (exoesqueleto) é uma estrutura notável e as suas propriedades mecânicas são atribuíveis em parte à sua componente α-chitin. A cutícula é composta por várias camadas, que variam em composição, propriedades mecânicas e função. A camada de cimento é a camada cuticular mais externa da epicúla. A camada cerosa imediatamente abaixo da camada de cimento é composta principalmente por lípidos e funções na impermeabilização. Por baixo da epicúla encontram-se três camadas distintas: a exocúla, a mesocúla e a endocúla, que são inicialmente segregadas como a procuração. Os graus variáveis de esclerose resultam nestas três diferentes formas de procuração. A esclerose é um processo químico em que a cutícula é irreversivelmente transformada numa estrutura mais rígida e dura, que se caracteriza pela diminuição da extractabilidade das proteínas cuticulares e pelo aumento da resistência à degradação enzimática. Este processo envolve a conjugação oxidativa dos catecoles com as proteínas cuticulares. Durante a esclerose, a cutícula pode parecer preta ou vários tons de castanho, num processo conhecido como curtimento. No besouro da farinha vermelha, *Tribolium castaneum, Laccase 2* é o gene da fenoloxidase necessária para o curtimento da cutícula. O exocuticle é a estrutura mais escleroseada e geralmente é muito rígido e duro. O mesocuticle, no entanto, é apenas parcialmente escleroseado. A endocúlcula, que sobrepõe a epiderme, é composta por camadas macias de proteína flexível e quitina, e é parcialmente degradada antes da ecdise. O início da moldagem é caracterizado pela apólise, que envolve a separação da endocúlcula da camada celular epidérmica. Esta separação resulta na formação do espaço exuvial onde a nova cutícula é formada. As enzimas necessárias para a degradação parcial da endocúlcula são segregadas no fluido de fusão, que é separado da recém-sintetizada procuração por uma membrana cdysial. A divisão da célula epidérmica precede a deposição da cutícula recém-sintetizada na ecdise. A fim de ajudar no desprendimento da exuvia, o insecto ingere ar, o que resulta na expansão do exoesqueleto. Após esta expansão da cutícula, a esclerose ocorre resultando no exoesqueleto rígido característico do intermolt.

e) A MEMBRANE PERITROFÍCIA INSECT

A membrana peritrófica do   insecto (PM) alinha o intestino médio e separa o bolo alimentar do epitélio do intestino médio. A PM ocorre na maioria dos insectos, mas não em todos. A formação da PM resulta na compartimentação do intestino médio, criando um espaço endoperitrófico, onde se encontra o bolo alimentar, e um espaço ectoperitrófico, situado entre o epitélio do intestino médio e a PM. O PM funciona para proteger o insecto contra a abrasão alimentar e a invasão microbiana, mas há também numerosas outras funções que ele proporciona. Algumas destas funções incluem a prevenção da ligação não específica de material não digerido à superfície da célula do intestino médio, aumento da eficiência na digestão, e imobilização enzimática. Além disso, a PM facilita a circulação endo-ectoperitrófica. Aqui, os alimentos (dentro da PM) fluem da parte anterior do intestino grosso para a parte posterior do intestino grosso, enquanto que a água (fora da PM) flui da parte posterior do intestino grosso para a ceca (bolsas) localizada na parte anterior do intestino grosso onde ocorre a reabsorção. Esta circulação endo-ectoperitrófica impede a excreção enzimática e, por conseguinte, as enzimas digestivas podem ser recicladas. As proteínas componentes PM são divididas em uma de quatro classes com base nos seus diferentes graus de extractabilidade. A quarta classe de proteínas de PM é aquela que não são solubilizadas por desnaturantes fortes. Presumivelmente, estas proteínas estão covalentemente ligadas entre si, impedindo assim a sua extracção. As proteínas de PM de insectos contêm tipicamente domínios de ligação à quitina, que se ligam ao fibrilho da quitina. As peritrofinas, que são proteínas PM importantes, interagem fortemente com a quitina presumivelmente através dos seus domínios de ligação à quitina. Uma classe de peritrofinas, as peritrofinas semelhantes à mucina, funciona provavelmente na lubrificação da passagem dos alimentos através do intestino, para além de funções protectoras. Em suma, a PM é uma estrutura extracelular complexa que funciona em numerosos processos vitais de digestão de insectos.

Apesar do seu significado biológico, sabe-se relativamente pouca informação sobre o caminho biossintético da quitina em insectos ou outros invertebrados. A via biossintética da quitina começa com a produção de glucose a partir da clivagem da trehalose por trehalase. A última etapa da via biossintética da quitina é catalisada pela quitina sintética, que catalisa a polimerização da quitina a partir dos monómeros activados UDP-Nacetylglucosamina (UDP-GlcNAc). Por conseguinte, a regulação para baixo mediada por RNAi dos genes de *T. castaneum* CHS resulta na redução do conteúdo de quitina. Um dos membros do grupo de mutantes de Halloween em *Drosophila* é a *múmia* (*mmy*). O gene *mmy* codifica a *Drosophila* UDP-N-acetylglucosamina-pirofosforilase, que catalisa o passo imediatamente anterior ao CHS na via biossintética da quitina. Como esperado, os mutantes *mmy* apresentavam graves defeitos na cutícula. Do mesmo modo, mutações no alelo *cístico*, que também codifica UDP-N-acetilglucosamina pirofosforilase em *Drosophila*, resultam em graves anomalias traqueais que implicam o seu papel de síntese de quitina na morfogénese do tubo epitelial. Além disso, a quitina é necessária para a expansão uniforme do tubo traqueal e a perda de quitina traqueal provoca constrições tubulares em *Drosophila*. Da mesma forma, a quitina é necessária para a montagem da cutícula em *Drosophila*. Os CHS são grandes enzimas localizadas na membrana plasmática, permitindo que a quitina recentemente sintetizada seja extrudida da célula para locais extracelulares. Tipicamente, os CHS contêm vários vãos transmembranares, que são particularmente abundantes no N - terminal da proteína. Os CHS pertencem à família GT2 de glicosiltransferases, que também inclui as síntases celulósicas estreitamente relacionadas. A família GT2 de glicosiltransferases emprega um mecanismo inverso de catálise e contém uma dobra GT-A característica. A dobra GT-A caracteriza-se por dois domínios intimamente associados $\beta/\alpha/\beta$, que são compostos por, pelo menos, oito domínios β. A orientação alternada dos resíduos de GlcNAc no polímero de quitina levou à hipótese de que os CHS contêm dois sítios activos. As provas do mecanismo de dois sítios activos para CHS foram obtidas utilizando inibidores diméricos simples derivados de uridina. Estes inibidores de dimerização exibiram uma inibição 10 vezes maior do que um controlo de inibidores monoméricos, consistente com o modelo dos dois sítios activos. Ensaios utilizando vários outros dímeros de uridina reforçaram estas conclusões.

Os CHSs têm sido estudados extensivamente em fungos. Os CHS fúngicos são codificados por uma grande família de genes e até oito genes diferentes de CHS foram identificados numa única espécie fúngica. Verificou-se que vários CHS fúngicos têm papéis diferentes, incluindo a esporulação e a divisão celular, e a sua expressão varia ao longo das diferentes fases de desenvolvimento. Contudo, ao contrário dos fungos, os nematódeos parecem ter menos genes de CHS. Após a sequência genómica do nemátodo, *Caenorhabditis elegans*, apenas dois genes CHS foram identificados. Além disso, um ou dois genes CHS foram relatados em várias outras espécies de nemátodos, incluindo *Brugia malayi*, *Meloidogyne artiellia*, e *Dirofilaria immitis*.

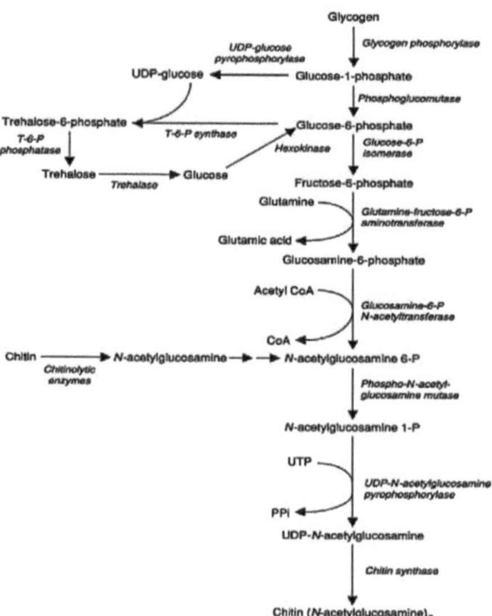

Figura 3: Via biossintética para a quitina nos insectos a partir do glicogénio, trehalose e quitina reciclada.

Em contraste com os fungos, os insectos CHS só recentemente foram caracterizados. A primeira sequência de cDNA foi relatada para um CHS da mosca do carneiro, *Lucilia cuprina*, há pouco mais de cinco anos (Tellam et al., 2000). Desde então, CHS cDNAs/genes de várias outras espécies de insectos, incluindo *Drosophila melanogaster*, *Anopheles gambiae*, *Aedes aegypti*, *Tribolium castaneum*, e *Manduca sexta* foram caracterizados. Os CHSs fúngicos estão divididos em seis classes, com base nas suas semelhanças de sequência de aminoácidos. Os CHSs de insectos, contudo, estão divididos em apenas duas classes, classes A e B, com base no número limitado de sequências de aminoácidos CHS de insectos disponíveis. Após a conclusão da sequência dos genomas de *D. melanogaster* e *A. gambiae*, apenas dois supostos genes CHS foram encontrados em cada espécie, um pertencente a cada classe. Além disso, apenas dois supostos genes CHS, um da classe A e outro da classe B, foram encontrados em *T. castaneum* através do rastreio de uma biblioteca BAC de ADN genómico e nenhum gene CHS adicional foi identificado pela análise do ADN genómico Southern blot. Além disso, não foram identificados genes CHS adicionais após a recente sequenciação do genoma desta espécie de escaravelho. A caracterização dos genes CHS de várias espécies diferentes de insectos representando três ordens (Diptera, Coleoptera, e Lepidoptera) sugere que a maioria dos insectos codificam apenas dois genes CHS, um pertencente a cada classe.

Em geral, a deposição de quitina em insectos ocorre em duas estruturas extracelulares importantes. Este polissacarídeo insolúvel é utilizado na montagem da cutícula e da PM do meio do intestino. A divisão dos CHSs de insectos em duas classes pode ser de relevância funcional. De facto, a especialização funcional tem sido relatada em fungos. Em *L. cuprina*, estudos de especificidade de tecidos mostraram que o CHS da classe A é expresso nas células epiteliais da epiderme e da traqueia, mas não no meio do intestino. Além disso, a presença de um exão alternativo foi identificada em genes que codificam vários CHSs de classe A, mas até à data não foi identificado nenhum exão alternativo nesses CHSs de classe B de codificação. *TcCHS2*, o gene

CHS da classe B em *T. castaneum*, é expresso durante períodos em que o insecto se alimenta activamente (Arakane et al., 2004). Além disso, o gene CHS da classe B em *A. aegypti* é expresso no meio do intestino, e o nível de expressão aumenta na sequência da alimentação das fêmeas com sangue. Finalmente, a coloração de quitina da PM do verme do exército da queda, *Spodoptera frugiperda*, indicou a presença de quitina apenas durante os períodos em que a classe B CHS deste insecto é expressa. Portanto, parece que os CHS da classe A são especializados na produção de quitina de cutícula, enquanto que os CHS da classe B são especializados na produção de quitina para a PM.

REVISÃO BIBLIOGRÁFICA

Zhiqiang Ge et. Al., desenvolveu o composto 3-substituído amino-4-hidroxicumarina como inibidor de quitina sintase para *Cryptococcus neoformans* Síntese e avaliação biológica de novos derivados de amino-4-hidroxicumarina 3-substituído como inibidores de quitina sintase e agentes antifúngicos.

Weiwei Zhuo. Yan Fanq et al, em 2014 estudaram o desenvolvimento e regulação de uma síntese epidérmica de quitina a partir das larvas de Bombyx mori na fase instatral 3r. Utilizaram a nikkomycin Z para diminuir a expressão de BmChsA, mas o modo de inibição não está identificado.

Zhang X, Yan Zhu K 2013 estudou a inibição in vitro da quitina-sintase utilizando Nikkomycine, Polyoxin D e Diflubenzuron e sugeriu que a inibição da síntese da quitina não se deve à inibição directa da quitina-sintase em *An. gambiae*. Caracterização bioquímica da actividade e inibição da quitina-sintase no mosquito africano da malária, *Anopheles gambiae*.

Hans Merzendorfer em 2013, explicou teoricamente os inibidores da síntese de quitina e o seu espectro de actividade no processo de síntese de quitina. Inibidores da síntese de quitina: moléculas antigas e novo desenvolvimento.

Ralf Nauen e Guy smagghe em 2006, estudaram experimentalmente o modo de acção do etoxazole em *Spodoptera frugiperda*. Modo de acção do Etoxazole a Rapid Repot na ciência da gestão de pragas.

Hans Merzendorfer em 2005, definiu claramente a Evolução, estrutura e mecanismo catalítico das sínteses de quitina nas sínteses de quitina de insectos: Uma revisão

Dinakar R. Ampasala et al, no ano de 2010, estudaram uma sintetase de quitina específica da epiderme cDNA Em *Choristoneura fumiferana*, caracterizam a epidérmica quitina sintetase 1, e também estudaram a expressão desenvolvimentista e hormonal da quitina sintetase.

Hans Merzendorfer e Lars Zimoch, no ano 2003, fizeram um excelente trabalho sobre a síntese da quitina de insectos e descreveram o metabolismo da quitina nos insectos - estrutura, função e regulação das síntases da quitina e das quitinases.

Sanford Silverman et al, no ano de 1988, estudaram o Chitin synthase 2 e concluíram que o Chitin synthase 2 é essencial para a formação do septo e divisão celular em *Saccharomyces cerevisiae*.

Shi-Hong Gu et al, trataram a *Bombyx mori*, larvas com RH-5992 durante as fases iniciais do quarto instar larvar (entre o dia 0 e o dia 1), inicialmente os níveis de ecdisteróides na hemolinfa foram inibidos e finalmente concluíram que a RH-5992 afecta a Ecdisteroidogénese das Glândulas Protorácicas durante o Quarto Instar Larvar do Verme da Seda, Bombyx mori.

P. veronica et al, estudaram sobre Nematode chitin synthses de *Caenorhabditis elegans* e *Meloidogyne ariellia*, e finalmente descreveram a estrutura genética, expressão e função em Caenorhabditis elegans e o nemátodo parasita da planta

Brillinger, 1979; Liu e Chen, 2000; James, 2004 fizeram trabalho sobre as síntases da quitina e concluíram que a quitina sintase é considerada um excelente alvo para os agentes de controlo de pragas e muitos insecticidas químicos que inibem a enzima foram desenvolvidos e utilizados comercialmente.

OBJECTIVOS:

Para prever e validar a estrutura de Lepidopteran Chitin Synthase I, estudar a estabilidade da estrutura modelada utilizando a dinâmica molecular e analisar o inibidor de Chitin synthase disponível contra a estrutura modelada e analisar a estabilidade do complexo proteína-ligand.

METODOLOGIA:

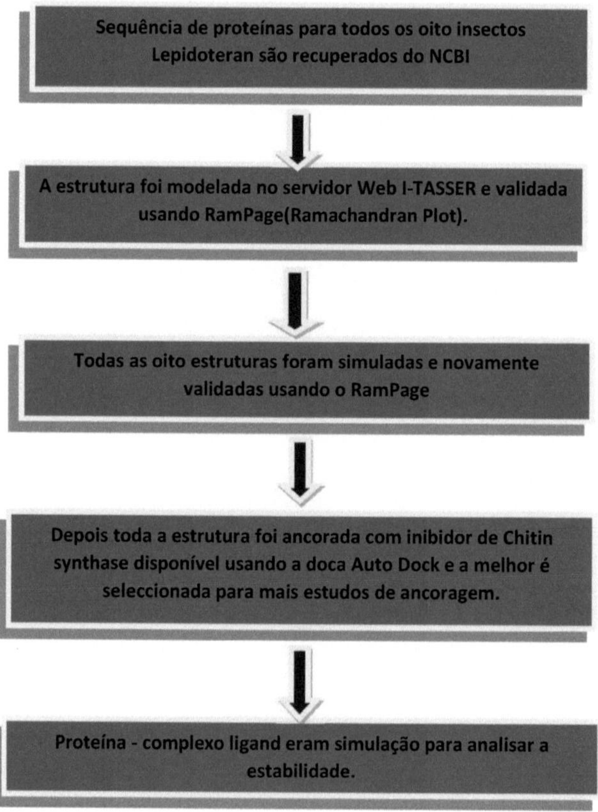

1. Modelar as estruturas:

Primeiro, utilizando a ferramenta BLAST, foram seleccionadas oito proteínas diferentes não caracterizadas que pertencem à família lepidopreran e a sua sequência foi obtida da NCBI. Estas sequências foram submetidas sequencialmente em I-TASSER para modelação da estrutura. O servidor I-TASSER utilizou um único modelo para a modelação da estrutura de oito proteínas diferentes. Com base no melhor C-score e na estrutura secundária, o melhor foi seleccionado para cada proteína e utilizado para uma análise mais aprofundada.

Toda a estrutura modelada foi verificada utilizando a ferramenta Procheck, ERRAT e Verify_3D no servidor Saves. Também estas estruturas foram validadas utilizando o Ramachandran Plot com a ferramenta RAM PAGE. Toda a estrutura foi enviada para Simulação Dinâmica Molecular usando Gromacs 5.1.1 para analisar a estabilidade da estrutura.

2. Simulação Dinâmica Molecular:

O pacote de dinâmica molecular GROMACS 5.1.1 e o campo de força AMBER foram utilizados para analisar a estabilidade do modelo. Todas as proteínas modeladas foram solvadas com o modelo de água TIP3P simulado Monte Carlo usando uma caixa cúbica de 1 nm. Foram aplicadas condições periódicas de fronteira em todas as direcções, e o sistema foi neutralizado através da substituição das moléculas de água com os respectivos iões NA+. Posteriormente, foram efectuados um máximo de 50.000 passos de minimização de energia para os modelos construídos utilizando um algoritmo de descida mais íngreme com uma tolerância de 1000 kJ mol-1 nm-1. Foi aplicado um corte de gama dupla às interacções de longo alcance utilizando o método PME: 1,0 nm para van der Waals e interacções electrostáticas. Estes sistemas minimizados e solvados foram considerados estruturas razoáveis em termos de geometria e orientações de solvente e utilizados em outras simulações. Todos os ângulos de ligação foram restringidos com o algoritmo LINCS, enquanto a geometria das moléculas de água foi restringida com o algoritmo SATTLE. O método de acoplamento fraco, escala em V, foi utilizado para regular a temperatura, enquanto que o método Parrinello-Rahman foi utilizado para regular a pressão do sistema. A equilibração MD para a temperatura (300 K) e pressão (1 atm) foi realizada para 100 ps. Após a conclusão da simulação, observou-se que a temperatura, pressão, densidade e energia total do sistema estavam bem equilibradas. Estes sistemas pré-equilibrados foram subsequentemente utilizados no MDS de 5000 ps (5 ns) de produção com uma etapa temporal de 2 fs. As coordenadas estruturais foram guardadas a cada 2 ps e analisadas utilizando as ferramentas analíticas do pacote GROMACS. As conformações energéticas mais baixas potenciais foram seleccionadas a partir da trajectória de 5 ns do MDS e posteriormente refinadas através da minimização da energia.

Os modelos refinados para cada proteína foram validados utilizando o servidor de análise estrutural e verificação (SAVES), que utiliza várias ferramentas, incluindo PROCHECK, ERRAT, e VERIFY_3D. Também estas estruturas foram novamente validadas utilizando o Ramachandran Plot.

3. Atracagem automática da doca:

Auto Dock é um procedimento automatizado para prever a interacção dos ligandos com o alvo biomacromolecular. A versão actual do Auto Dock, utilizando o Algoritmo Genético Lamarckiano e a função de pontuação de energia livre empírica, tipicamente fornecerá resultados de ancoragem reprodutíveis para ligandos com aproximadamente 10 ligações flexíveis. O AutoDock4.2 está parametrizado para utilizar um modelo de proteína e ligante que inclui átomos polares de hidrogénio, mas não átomos de hidrogénio ligados a átomos de carbono. Um formato PDB alargado, denominado PDBQT, é utilizado para ficheiros de coordenadas, que inclui cargas parciais atómicas e tipo de átomo. A avaliação rápida da energia é obtida através do recálculo dos potenciais de afinidade atómica para cada tipo de átomo na molécula ligante a ser acoplada. No procedimento Auto Grid, a proteína é embutida numa grelha tridimensional e um átomo de sonda é colocado em cada ponto da grelha. Depois, durante o cálculo do Auto Dock, a energia de uma configuração particular dos ligandos é avaliada utilizando os valores das grelhas. A atracagem é efectuada utilizando um dos vários métodos de pesquisa. O método mais eficiente é um algoritmo genético Lamarckiano (LGA), mas também estão disponíveis algoritmos genéticos tradicionais e recozimento simulado.

Todas as proteínas eram docas com quatro ligandos seleccionados, e o melhor entre eles foi tomado e novamente atracado usando GLIDE Dock para a conformação.

4. Schrodinger-GLIDE Atracagem:

A tarefa de planar mais frequentemente executada é a atracagem de ligando. Os ficheiros da grelha produzidos por uma única tarefa de geração da grelha receptora podem ser utilizados para qualquer número de trabalhos que os ligandos da doca para esse receptor. O Glide procura interacções favoráveis entre uma ou mais moléculas de ligante e uma molécula receptora, geralmente uma proteína. Cada ligando deve ser uma única molécula, enquanto que o receptor pode incluir mais de uma molécula, por exemplo, uma proteína e um co-factor. Durante a geração da conformação, cada região do núcleo é representada por um conjunto de conformações do núcleo, cujo número depende do número de ligações rotativas, anéis de 5 e 6 membros de conformação labial, e centros de nitrogénio trigonal assimétrico piramidal no núcleo. Este conjunto contém tipicamente menos de 500 conformações de núcleo, mesmo para ligandos bastante grandes e flexíveis, e muito menos para ligandos mais rígidos. A pesquisa começa com a selecção de "pontos de sítio" numa grelha igualmente espaçada de 2 Å que cobre a região do sítio activo. Examinando a colocação de átomos que se encontram a uma distância especificada da linha traçada entre os átomos mais amplamente separados (o diâmetro dos ligandos). Isto é feito para uma selecção pré-especificada de possíveis orientações do diâmetro ligando, e as interacções de um subconjunto constituído por todos os átomos capazes de fazer ligações de hidrogénio ou interacções ligando-metal com o receptor são pontuadas (teste do subconjunto). Se esta pontuação for suficientemente boa, todas as interacções com o receptor são pontuadas. A pontuação nestes três testes é realizada utilizando a versão discretizada de Schrödinger da função de pontuação empírica ChemScore. Apenas um pequeno número das melhores poses refinadas (tipicamente 100-400) é passado para a minimização da energia na pré-computação OPLS-AA van der Waals e redes electrostáticas para o receptor. A minimização de energia começa tipicamente num conjunto de van der Waals e grelhas electrostáticas que foram "alisadas" para reduzir os grandes termos de energia e gradiente que resultam de contactos interatómicos demasiado fechados. Termina na superfície de energia não ligada OPLS-AA em escala real ("recozimento"). Finalmente, as poses minimizadas são novamente pontuadas usando a função de pontuação GlideScore de Schrödinger. O GlideScore é baseado no ChemScore. A escolha da estrutura de melhor pontuação para cada ligando é feita usando um modelo de pontuação energética (Emodel) que combina a pontuação da grelha energética, a afinidade de ligação prevista pelo GlideScore, e (para acoplagem flexível) a energia de tensão interna para o potencial do modelo usado para dirigir o algoritmo de procura de conformacional. O Glide também calcula uma pontuação coulomb-van der Waals de interacção-energia (CvdW) especialmente construída, que é formulada para evitar interacções carga-carga excessivamente gratificantes à custa de interacções carga-dipolo e dipolo-dipolo.

O melhor complexo seleccionado em Autodock foi novamente atracado usando GLIDE para maior conformação e depois enviado para Simulação de Dinâmica Molecular usando Gromacs para analisar a estabilidade das proteínas após a atracagem.

RESULTADO E DISCUSSÃO:

1) Recuperação de sequências e modelação de homologia:

Utilizando a ferramenta BLAST, foram seleccionadas oito proteínas diferentes não caracterizadas da família lepidopreran e a sua sequência foi obtida da NCBI. Os insectos lepidópteros são *Choristoneura fumiferana, Ectropis oblique, Mamestra brassicae, Manduca sexta, Ostrinia furnacalis, Plutella xylostella, Spodoptera exigua* e *Spodoptera frugiperda.*

S. No.	ORGANISMO	SEQUÊNCIA
1	*Choristoneur a fumiferana*	>gi|189212451|gb|ACD84882.1| chitin synthase I [Choristoneura *fumiferana]* MATSGGKRREEGSDNSDDELAPLANEIYGGSQRTIHETKGWDV FREFPPKQDSGSMETQECLEITVRLLKILKILAYLVTFVV.....DVF AEPNGGQVNRGYETSVGDEDDSNSIRLQPRPNQVSFQNRYQ.
2	*Ectropis obliqua*	>gi|169218414|gb|ACA50098.1| chitin synthase 1 [Ectropis obliqua] MATSGGRRREEGSDNSDDNSDDELTPLAHDIYGGSQRTVQETK GWDVFREFPPKQDSGSMESQKCLEFTVRLLKIFAYALVFIV...... .DVFAEPNGGQINRAYEASLGEEDDSMRLQPRQNQVSFQNRY
3	*Mamestra brassicae*	>gi|254750590|gb|ABX56676.2| chitin synthase 1 [Mamestra *brassicae]* ...........MATSGGGKPRREEASDNSDDDDTNSDDTNSMRLQPR QNQVSFQGRF
4	*Manduca sexta*	>gi|24762312|gb|AAL38051.2| chitin synthase [Manduca *sexta]* MAASGGRRRDEASDNSDDELTPLANDTYGGSQRTVQETKGW DVFREFPPKQDSISMETQKWLEFTVRMLKVMAYLVVFVV...... ..DVFAEPNGGQINQAYEASLGDDTNSMRLQPRQNQVSFQGRF
5	*Ostrinia furnacalis*	>gi|170297344|gb|ACB13821.1| chitin synthase [Ostrinia *furnacalis]* MAASGGKRREEASDNSDDELTPLANEIYGGSQRTVQETKGWD VFREFPPKQDSVSMETQKWLECTVRLLKVLAYLVTFIV......

		KDVFAEPNGGQVNRAYETSLGDDEDNNSMRLQPRQNQVSFQR YS
6	*Plutella xylostella*	>gi|126364471|dbj|BAF47974.1| chitin synthase 1 [Plutella *xylostella]* MATSGGVRGRREEGSDNSDDELTPLQQQQEIYGGSQRTVQETK GWDVFREIPPKQDSGSMESQRCLEITVRIMKILAYLVTF....SVKD VFAEPNGGQVNRGYETTHGDEGDGNSIRLQPRTNQVSFQGRY Q
7	*Spodoptera exigua*	>gi|69146416|gb|AAZ03545.1| chitin synthase A [Spodoptera *exigua]* MATSGGKRREEGSDNSDDDDELTPLANDIYGGSQRTVQETKG WDVFREFPPKQDSGSMETQKCLEFTVRLLKVTAYLVVVFIA ......VKDVFGEPNGGQVNRGYETTIGDEDDTNSMRLQPRQNQV SFQGRF
8	*Spodoptera frugiperda*	>gi|41818394|gb|AAS12599.1| chitin synthase [Spodoptera *frugiperda]* MARPRPYGFRALDEESDDNSELTPLHDDNDDDLGQRTAQRTA QEAKGWNGWNLFREIPVKKESGSMASTAGIDFSVKI.....NPQNTI QLDDMVGGPSGVYVNRGYEPALDSDIEDTPVPVPTRRSVVHFT DHFA

Quadro 1. Sequência de recuperação do NCBI

Estas sequências são então submetidas ao I-TASSER e a estrutura foi modelada utilizando um único modelo para todas as oito proteínas diferentes. . A maior parte da sequência identificada por BLAST é considerada superior a 30%. Por conseguinte, optou-se pela modelação homológica como uma melhor escolha do que outro método para este estudo. As estruturas modeladas foram validadas utilizando Ramachandran Plot. Quase todas as proteínas caem na região favorecida, mas ainda há alguma região a ser minimizada mostrada na Figura 5 e a percentagem resumida de região favorecida, permitida e não permitida mostrada na Tabela 2.

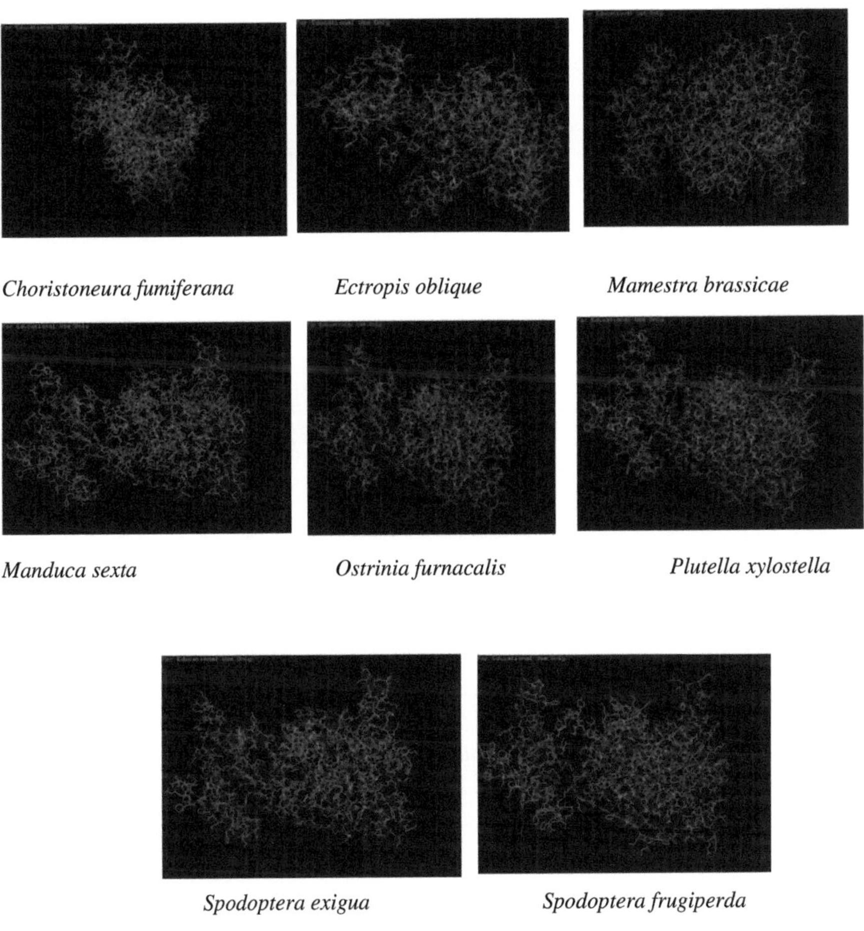

Figura 4- Estrutura modelada de todas as oito proteínas.

Actualmente não existe um método único que seja capaz de prever de forma consistente e precisa a estrutura tri-dimensional de uma proteína. Por isso, analisei os modelos 3D construídos, tendo sido seleccionados. Ramachandran Plot desenhado através da Ram Page Tool e validei toda a nossa estrutura.

RESULTADO DA TRAMA RAMACHANDRAN:

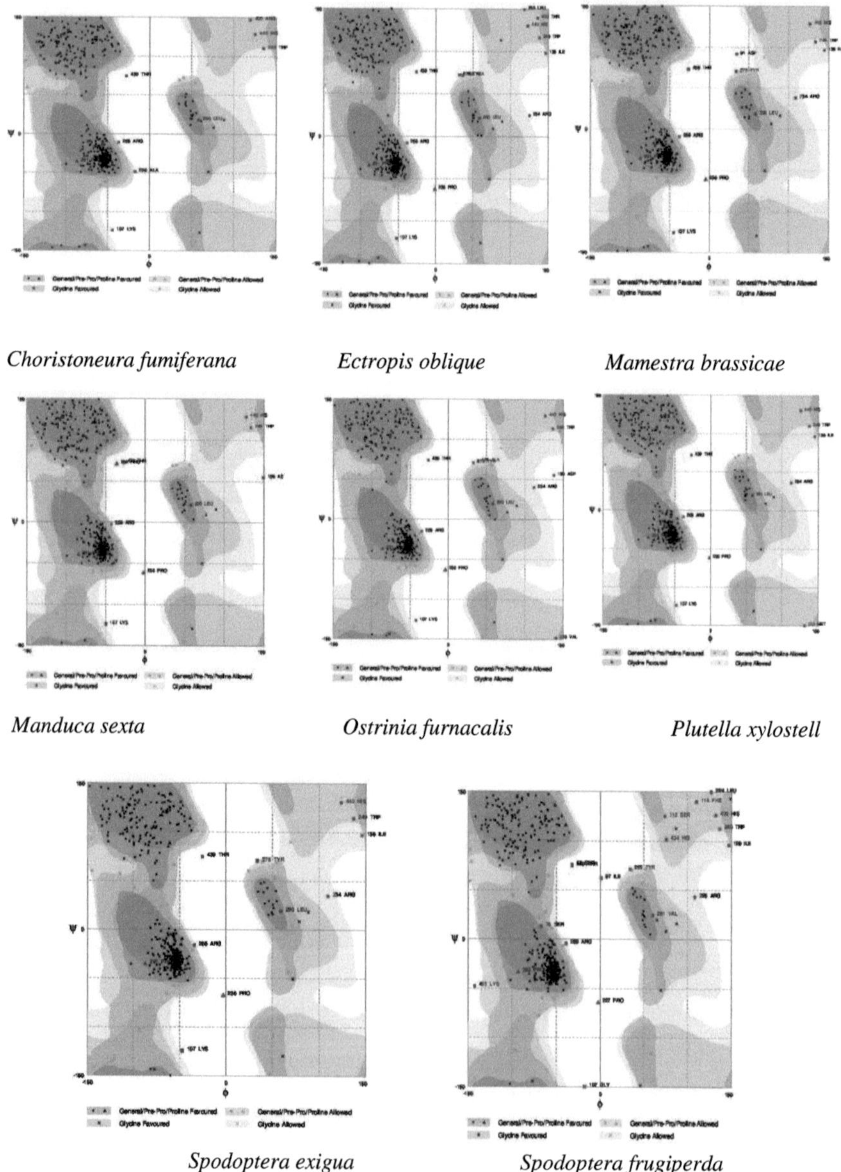

Choristoneura fumiferana

Ectropis oblique

Mamestra brassicae

Manduca sexta

Ostrinia furnacalis

Plutella xylostell

Spodoptera exigua

Spodoptera frugiperda

Figura 5-Ramachandran Plot Analysis

RESULTADO DA TRAMA RAMACHANDRAN:

Organismo	Qualidade do Lote Ramachandran (%)		
	Região Favorecida	Região permitida	Região interdita
C. fumiferana	91.8	6.4	1.8
E. oblíquo	91.6	5.5	2.9
M. brassicae	91.0	6.6	2.5
M. sextae	92.0	5.9	2.0
O. furnacalis	91.6	5.7	2.7
P. xylostella	91.6	6.1	2.3
S. frugiperda	88.7	7.3	4.0
S. Exige	91.0	6.8	2.3

Tabela 2 - Summerize do Lote Ramachandran

Da própria tabela   (Tabela 2) observou-se que para todas as estruturas modeladas caíram na região favorecida quase mais de 86%. Portanto, esta estrutura pode ser considerada para uma análise mais aprofundada.

<u>**ANOLEA:**</u>

Organismo	Aminoácido total	Alta Energia (percentagem)	Energia total não-local	Z-score de energia normalizada não-local
Choristoneura fumiferana	490	347(70.82)	3317	8.91
Ectropis obliqua	490	384(78.37)	3825	9.53
Mamestra brassicae	490	361(73.67)	3557	9.16
Manduca sexta	490	357(72.86)	3483	9.13
Ostrinia furnacalic	490	364(74.29)	3400	9.0
Plutella xylostella	490	361(73.67)	3411	9.04
Spodoptera frugiperda	480	365(76.04)	3540	9.46
Spodoptera exigua	490	376(76.73)	3738	9.42

Quadro 3- Avaliação energética mostrando aminoácidos de alta energia e energia total não-local

Para revelar as principais diferenças entre modelos de homologia construídos e para avaliar a sua estabilidade e fiabilidade, as estruturas modeladas foram ainda sujeitas a uma avaliação energética e análise estrutural utilizando a Avaliação Ambiental Atómica Não Local (ANOLEA) (Quadro 3).

	C.F	E.O	M.B	M.S	O.F	P.X	S.F	S.E
C.F	0.00	0.60	0.39	0.60	0.53	0.38	1.33	0.40
E.O	0.56	0.00	0.63	0.77	0.33	0.66	1.50	0.50
M.B	0.39	0.63	0.00	0.42	0.59	0.28	1.29	0.25
M.S	0.60	0.77	0.42	0.00	0.75	0.55	1.29	0.51
O.F	0.53	0.33	0.59	0.75	0.00	0.67	1.44	0.51
P.X	0.38	0.66	0.28	0.55	0.67	0.00	1.50	0.29
S.F	1.31	1.51	1.25	1.29	1.44	1.25	0.00	1.31
S.E	0.40	0.50	0.25	0.51	0.51	0.29	1.42	0.00

Tabela 4- Valor RMSD entre as estruturas 3D obtidas utilizando o CLICKK Server

A   fim de derivar uma filogenia baseada na estrutura, a distância média quadrada da raiz (RMSD) entre os modelos alfa de carbono 3D de todas as espécies foi calculada utilizando o CLICKK Server. As suas respectivas RMSD foram normalizadas através da divisão pelo número de resíduos alinhados.

	C.E	E.O	M.B	M.S	O.F	P.X	S.F	S.E
C.F	0.000000	0.001388	0.08405	0.00127	0.001142	0.08016	0.003923	0.08510
E.O	0.001305	0.00000	0.001465	0.001794	0.0769	0.001520	0.004411	0.001149
M.B	0.08405	0.001465	0.00000	0.09032	0.001279	0.05982	0.003839	0.0516
M.S	0.001279	0.001794	0.09032	0.0000	0.001605	0.001165	0.003771	0.001082
O.F	0.001142	0.076923	0.001279	0.001605	0.00000	0.001431	0.004363	0.001096
P.X	0.08016	0.001520	0.05982	0.001165	0.001431	0.0000	0.004601	0.0614
S.F	0.004030	0.004646	0.003765	0.003885	0.004458	0.003799	0.00000	0.003981
S.E	0.08513	0.001149	0.05105	0.001082	0.001096	0.06144	0.004329	0.00000

Tabela 5- Valores normalizados de RMSD entre estrutura 3D

2) SIMULAÇÃO MOLECULAR DINÂMICA:

Para compreender a estabilidade em ambiente real, estas estruturas foram enviadas para simulação de dinâmica molecular pelo Gromacs com a sua versão 5.1.1. Toda a estrutura foi analisada por 5ns cada. O resultado analisado foi observado como sendo menos estável para 5ns, pelo que será prolongado por mais de 20ns.

1) CHORIS FUMIFERANA

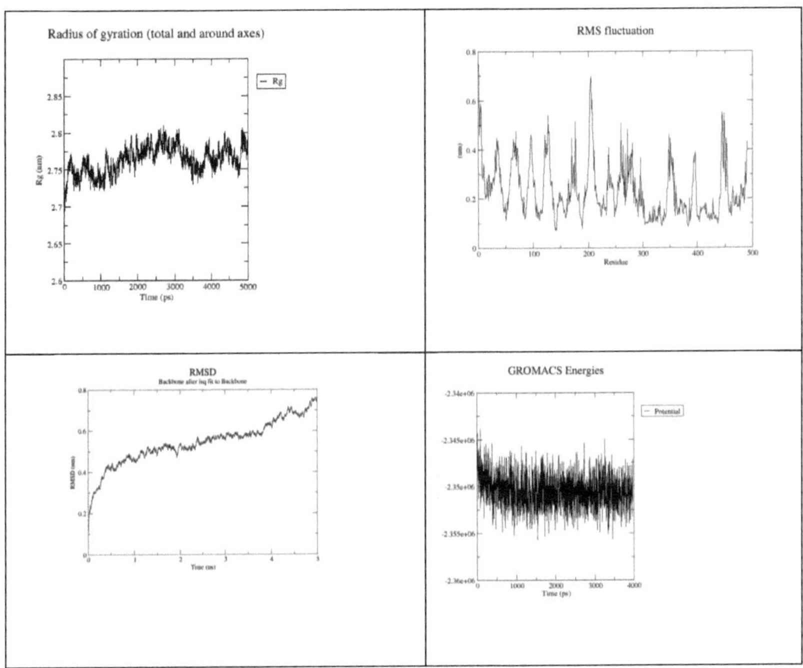

Figura 6- Resultado da análise de simulação da proteína *C. fumiferana*

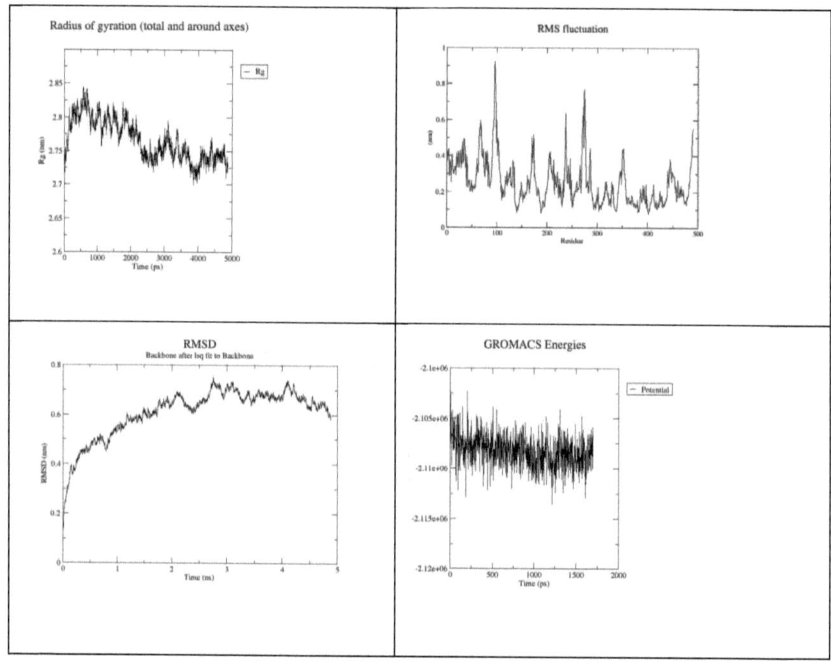

Figura 7- Resultado da análise de simulação da proteína *E. oblíqua*

3) MAMESTRA BRASSICAE

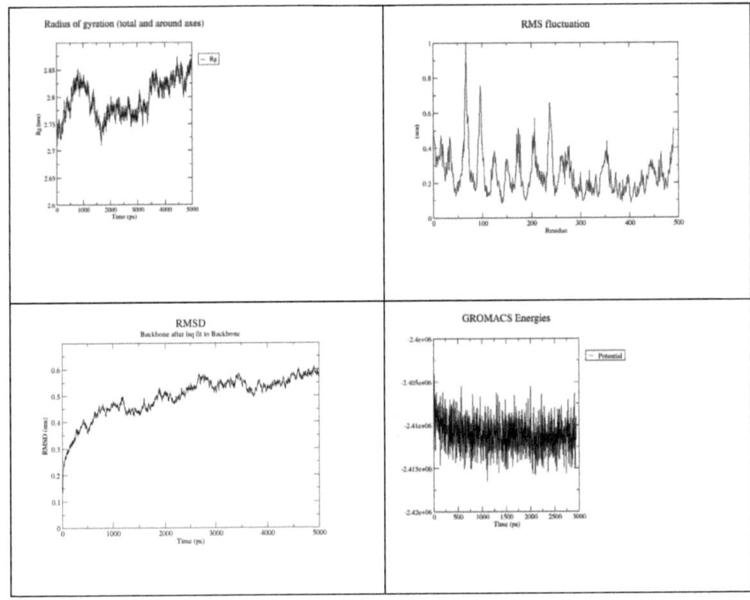

Figura 8- Resultado da análise de simulação da proteína *M. brassicae*

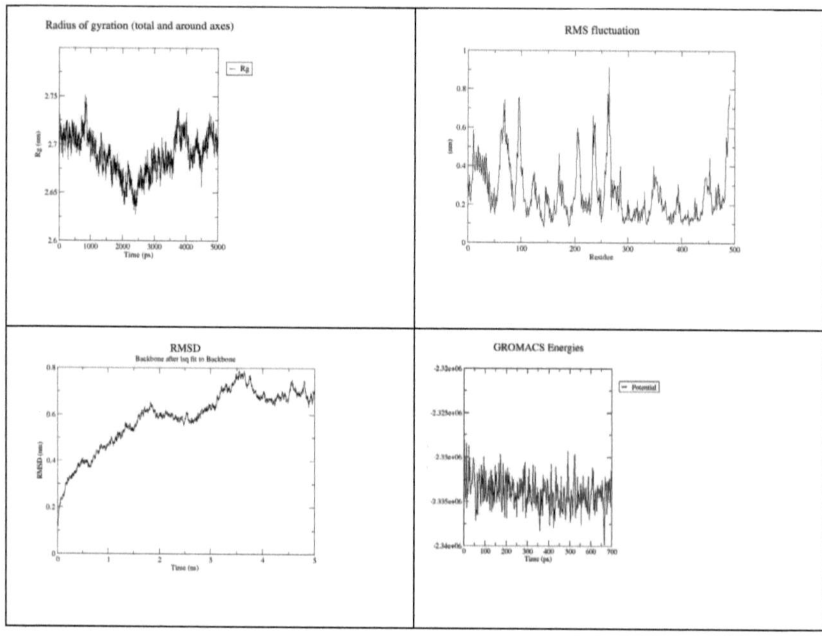

Figura 9- Resultado da análise de simulação da proteína *M. sexta*

5) OSTRINA FURNACALIS

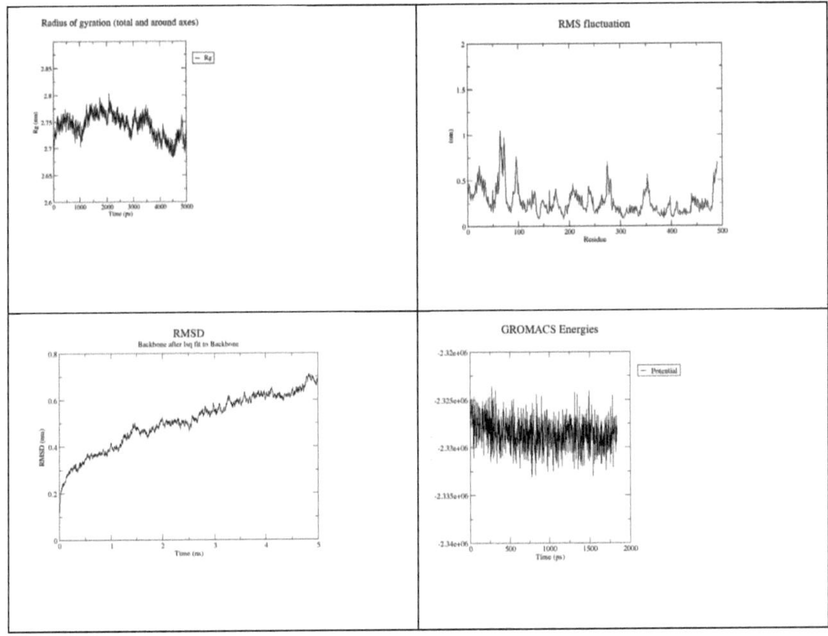

Figura 10- Resultado da análise de simulação da proteína *O. furnacalis*

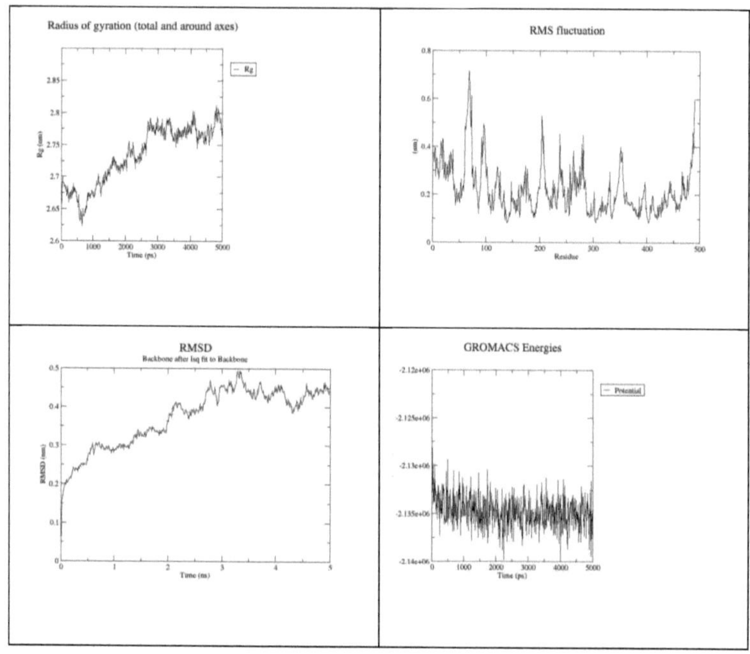

Figura 11- Resultado da análise de simulação da proteína *P. xylostella*

7) *SPOROPETERA EXIGUA*

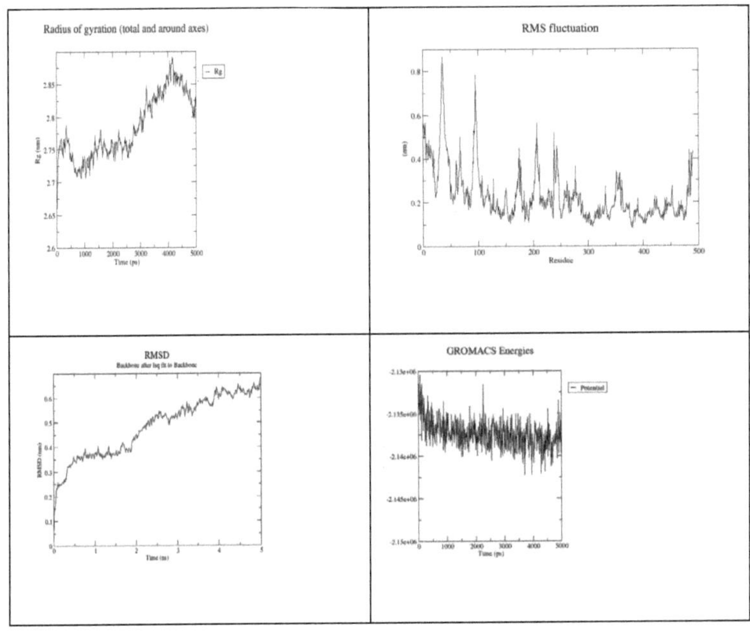

Figura 12- Resultado da análise de simulação da proteína *S. exigua*

8) *SPOROPETRA FRUGIPERDE*

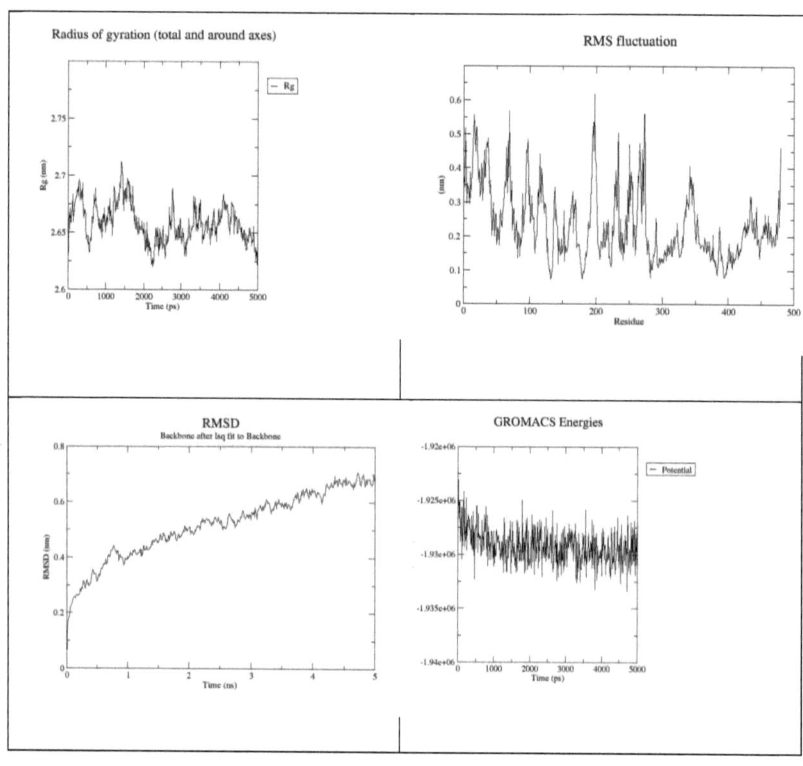

Figura 13- Resultado da análise de simulação da proteína de *S. frugiperda.*

Organismo	Qualidade do Lote Ramachandran (%)		
	Região Favorecida	Região permitida	Região interdita
C. fumiferana	80.5	15.8	3.7
E. oblíquo	81.7	13.8	4.5
M. brassicae	82.1	12.9	4.9
M. sextae	80.9	13.8	5.3
O. furnacalis	82.3	12.5	5.1
P. xylostella	82.3	12.5	5.1
S. frugiperda	80.9	13.2	5.9
S. Exige	83.0	13.6	3.5

Tabela 6- Lote Ramachandran após simulação

Após simulação, validação adicional feita usando a ferramenta Ramachandran Plot através da ferramenta Ram Page. Mostrando mais resíduos a cair na região favorecida do que antes.

3) AUTODOCK

O inibidor já conhecido foi seleccionado para atracagem. O modo de inibição e ligação dos inibidores ao alvo ainda está desvendado para os inibidores de Chitin synthase. Todas as oito proteínas diferentes foram atracadas contra quatro compostos de chumbo seleccionados, são Diflurobenzen, Etoxazole, Nikkomycin e polioxina.

S.No	Organismo	Composto de chumbo	Número de ligações de Hidrogénio	Energia de ligação
1	C. fumiferana	Diflubenzen	1	-3.51
		Etoxazole	1	-3.66
		Nikkomycin	1	-1.14
		plyoxin	1	-2.06
2	E. oblíquo	Diflubenzen	2	-4.35
		Etoxazole	1	-4.35
		Nikkomycin	2	-0.74
		plyoxin	3	-0.46
3	M. brassicae	Diflubenzen	1	-3.31
		Etoxazole	1	-4.27
		Nikkomycin	1	-1.23
		plyoxin	1	-1.44
4	M. sextae	Diflubenzen	1	-1.47
		Etoxazole	1	-1.23
		Nikkomycin	1	-1.23

		plyoxin	2	-1.21
5	*O. furnacalis*	Diflubenzen	3	-4.93
		Etoxazole	1	-4.52
		Nikkomycin	4	-0.61
		polioxina	3	-1.53
6	*P. xylostella*	Diflubenzen	1	-5.1
		Etoxazole	1	-4.16
		Nikkomycin	3	-1.77
		polioxina	2	-0.3
7	*S. Exige*	Diflubenzen	2	-4.78
		Etoxazole	1	-4.42
		Nikkomycin	3	-1.39
		polioxina	2	-0.13
8	*S. frugiperda*	Diflubenzen	2	-4.84
		Etoxazole	1	-4.56
		Nikkomycin	1	-1.49
		polioxina	2	-0.13

Tabela 7- A interacção de todas as oito proteínas diferentes com quatro compostos de chumbo, respectivamente.

O resultado da interacção foi resumido na Tabela. O resultado do acoplamento mostra que a proteína *S. exigue* mostra uma melhor interacção com os quatro compostos de chumbo do que outras proteínas. Isto será ainda mais conforme utilizando a doca GLIDE.

MELHOR INTERACÇÃO

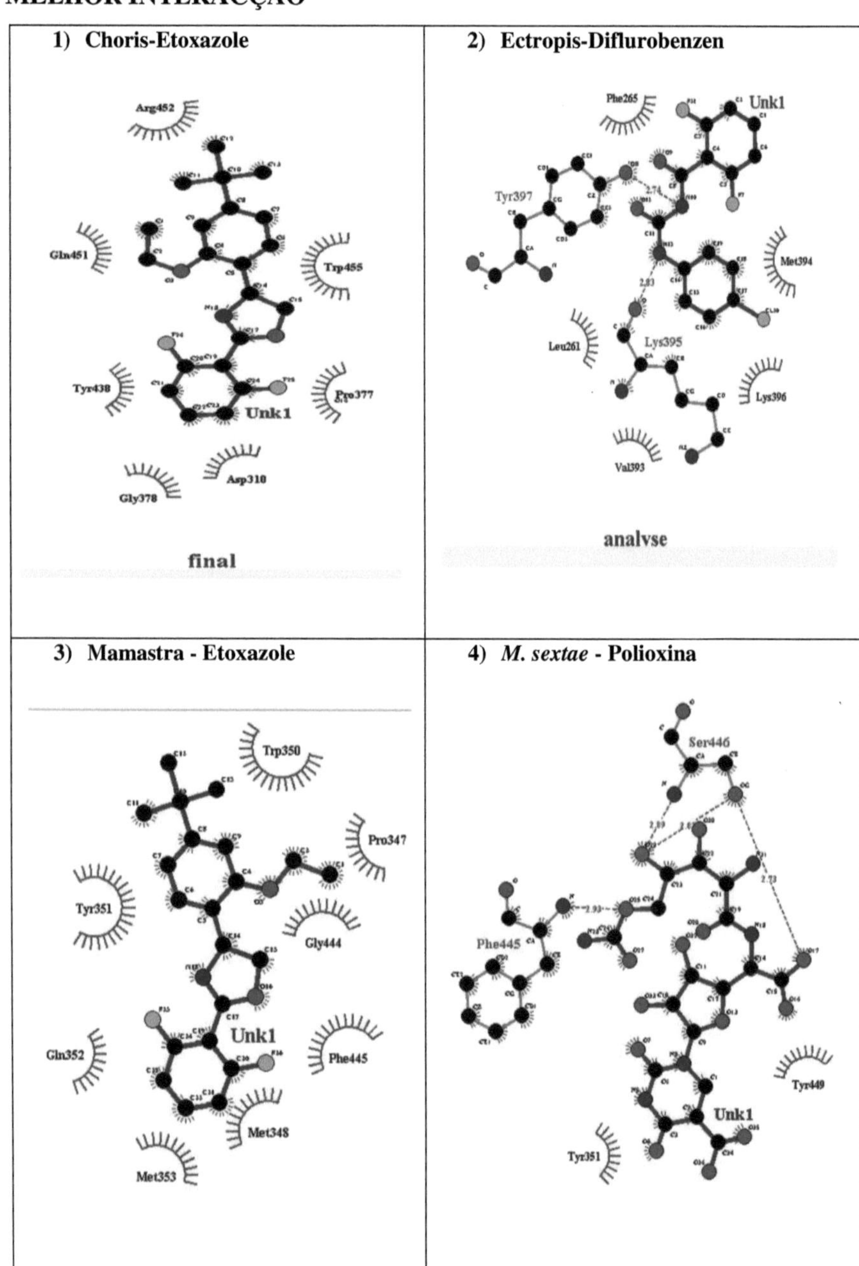

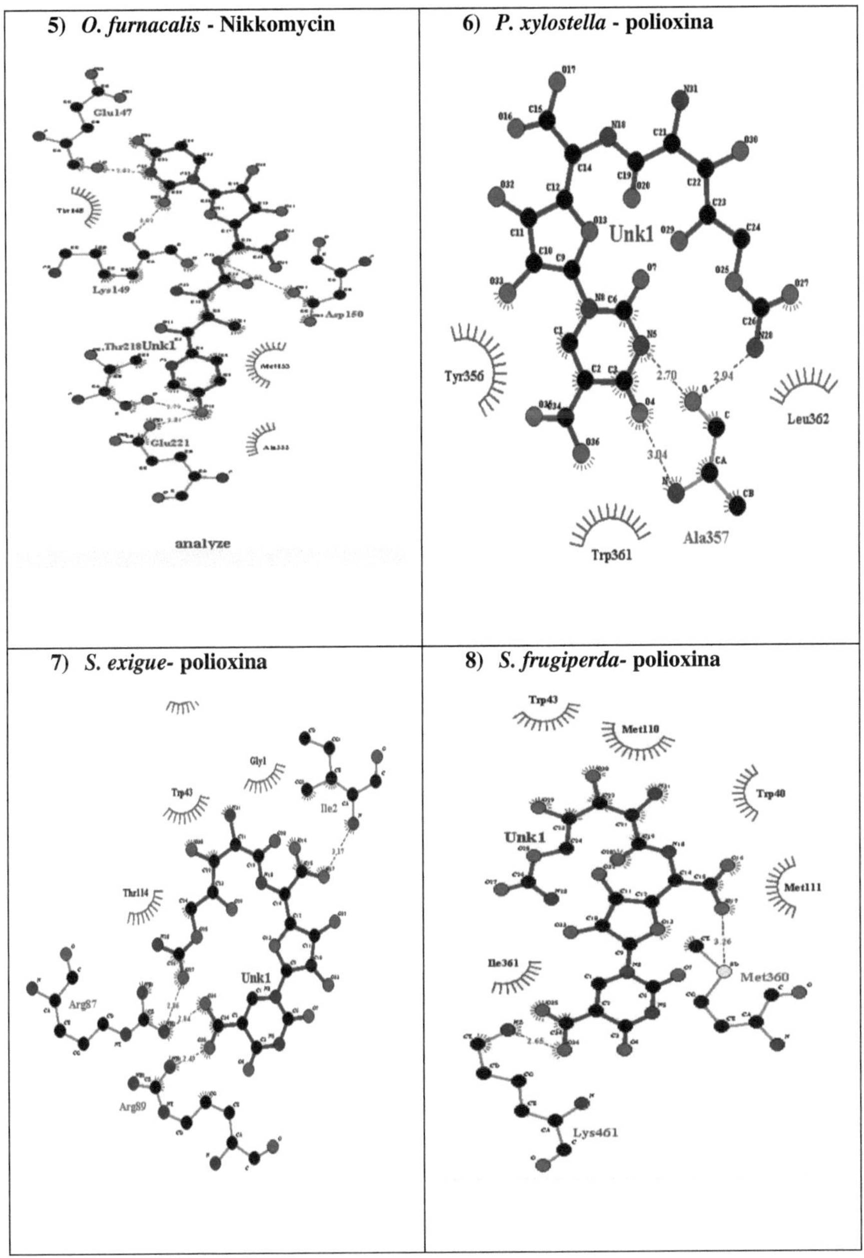

Figura 14) Melhor interacção retirada do resultado do auto-dock.

Todas as interacções de *S. exigue* foram novamente atracadas usando GLIDE para posterior confirmação. E a pontuação do Glide Score foi tabelada na tabela 8.

Tabela 8-Glide Score de interacção entre S. Exigue com diferentes compostos de chumbo.

COMPLEXO	Pontuação do Glide	
Sporopetra exigue-Polyoxin	Pontuação da doca	-7.894
	Pontuação do Glide	-7.894
	Glide Emode	-85.867
	Glide Energy	-66.5475
	Glide H-bond	-0.50751
	Resíduos envolvidos na interacção de H-bonding	Gln 451,Thr 439,His 440,Tyr 438,His 440,His 360,Ser 376
	Resíduos envolvidos nas interacções vdW	Tyr 438,Ile 313, Trp 455, Pro 442

A pontuação do Glide para a interacção de *S. exigue* com o composto de quatro chumbo é apresentada na tabela 8. Em seguida, este é submetido para simulação para analisar a estabilidade juntamente com o inibidor.

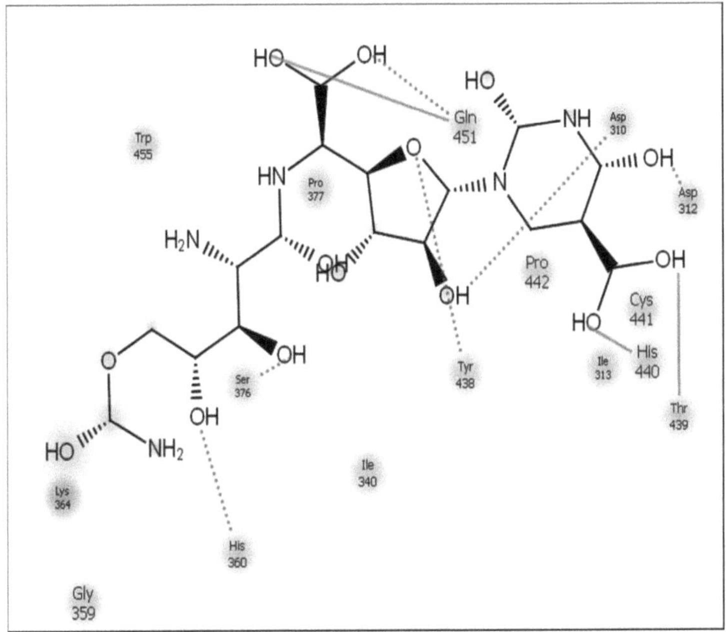

Figura 15) Resultado Ligplot para análise da interacção H-bond.

O resultado da simulação do complexo mostra que é estável, não há nenhuma ligação H mantida durante a simulação, pode ser mantida no futuro se a simulação for prolongada e pode ser considerada para futuros testes em que actuará como um produto adequado para inibição do crescimento da espécie *Chilo partellus*

RESULTADO DA SIMULAÇÃO

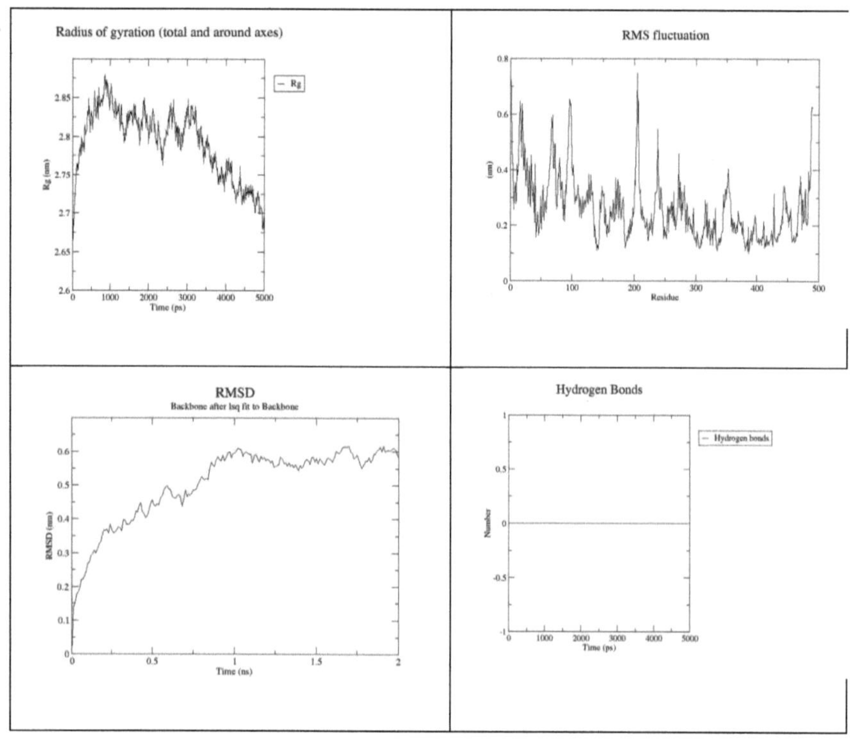

Figura 16) Resultado da simulação de proteínas complexas

CONCLUSÃO

Foram seleccionadas oito proteínas diferentes não caracterizadas de quitina sintase que se encontram sob a família dos lepidópteros, a sua estrutura catalítica foi modelada e validada utilizando a trama Ramachandran. Quase todas as proteínas caem na região favorecida, tendo acima de 86%, pelo que foi posteriormente processada para simulação. Após simulação, estas proteínas avançam para atracagem com inibidor conhecido, e analisam a sua interacção. Do resultado observado, a interacção de S. Exigue com a polioxina mostra a melhor interacção e este complexo foi tomado para simulação. Após simulação, este pode ser considerado mais estável em ambiente real e pode ser considerado como produto adequado para inibição contra o crescimento da espécie Lepidoptera.

REFERÊNCIAS

1. Ofomata, V.C., W.A. Overholt, A. van Huis, R.I. Egwuatu e A.J. Ngi-Song. 1999a. "Niche overlap and interspecific association between *Chilo partellus* and *Chilo orichalcociliellus* on the Kenya coast". *Entomol. Exp. Aplic.* 93: 141-148.

2. Ofomata, V.C., W.A. Overholt e R.I. Egwuatu. 1999b. "Diapause termination of *Chilo partellus* Swinhoe and *Chilo orichalcociliellus* Strand (Lepidoptera: Crambidae)". *Insect Sci. Applic.* 19: 187-191.

3. Polaszek, A. 1998. *Brocas de Haste Africana de Cereais: Importância Económica, Taxonomia, Inimigos Naturais e Controlo.* Wallingford, UK: CABI. 530 pp.

4. Koch, R.L., R.C. Venette e W.D. Hutchison. 2006. "Invasões por *Harmonia axyridis* (Pallas) (Coleoptera: Coccinellidae) no hemisfério ocidental: Implicações para a América do Sul". *Neotropical Entomol.* 35(4): 421-434.

5. Ralf Nauen e Guy Smagghe, Modo de acção do Etoxazole, *Pest Manag Sci* 62:379-382(2006).

6. Toru ARAKAWA, Fumiko YUKUHIRO e Hiroaki NODA. 2008. "Efeito inseticida de um fungicida contendo polioxina B nas larvas de *Bombyx mori* (Lepidoptera: Bombycidae), *Mamestra brassicae*, *Mythimna separata*, e *Spodoptera litura* (Lepidoptera: Noctuidae)", Appl. Entomol. Zool. 43 (2): 173–181.

7. Hans Merzendorfer.2013 "Review on Chitin synthesis inhibitors: old molecules and new developments". *Insect Science* (2013) 20, 121-138, DOI 10.1111.

8. Yinhua Zhang, Jeremy M. Foster, Laura S. Nelson, Dong Ma, Clotilde K.S. Carlow.2005". Os genes chitin synthase chs-1 e chs-2 são essenciais para C. elegans Development".Science direct. Developmental Biology 285 (2005) 330 - 339.

9. Kumaraswamy Naidu C., Suneetha Y., Sreenivasula Reddy P..." Análise computacional da hormona inibidora de moléculas de crustáceos seleccionados". Biochemistry and Physiology Comparative, Parte D 8 (2013) 292-299.

10. Weiwei Zhuo - Yan Fang - Lingfei Kong - Xi Li - Yanghu Sima - Shiqing Xu.2014". Chitin synthase A: um novo gene de regulação do desenvolvimento epidérmico nas larvas de Bombyx mori". Mol Biol Rep (2014) 41:4177-4186 DOI 10.1007/s11033-014-3288-1

11. Chen, X., Yang, X., Senthil Kumar, N., Tang, B., Sun, X., Qiu, X., ... Zhang, W. (2010). O gene de classe A chitin synthase da Spodoptera exigua: Padrões de clonagem e expressão moleculares. *Insect Biochemistry and Molecular Biology, 37*(5), 409-417. http://doi.org/10.1016/j.ibmb.2010.01.006

12. Zhao, Y., Wang, Z., Xu, Y., Xu, J., Liu, W., W., Wei, M., & Wang, C. (2012). Clonagem e análise de sequência de fragmentos do gene chitin synthase dos ácaros Demodex. *Journal of Zhejiang University SCIENCE B, 13*(10), 763-768. http://doi.org/10.1631/jzus.B1200155

13. Kramer, K. J., Corpuz, L., Choi, H. K., & Muthukrishnan, S. (1993). Sequência de um cDNA e expressão do gene que codifica as quitinases epidérmicas e intestinais de Manduca sexta. *Insect Biochemistry and Molecular Biology, 23*(6), 691-701.

14. Ampasala, D. R., Zheng, S., Zhang, D., Ladd, T., Doucet, D., Krell, P. J., ... Feng, Q. (2011). Um CDNA de sintetizador de quitina específico da epiderme em Choristoneura fumiferana: Clonagem, caracterização, desenvolvimento e expressão hormonal-regulada. *Archives of Insect Biochemistry and Physiology, 76*(2), 83-96. http://doi.org/10.1002/arch.20404

15. Liang, Y., Lin, C., Wang, R., Ye, J., & Lu, J. (2010). Padrão de clonagem e expressão do gene chitin synthase (CHS) na epiderme de Ectropis obliqua Prout. *Journal of Biotechnology, 9*(33), 5297-5308.

16. Muthukrishnan, S., Merzendorfer, H., Arakane, Y., & Kramer, K. J. (2012). *Metabolismo de Chitin em Insectos. Insect Molecular Biology and Biochemistry.* http://doi.org/10.1016/B978-0-12-384747-8.10007-8

17. Merzendorfer, H., & Zimoch, L. (2003). Metabolismo da quitina nos insectos: estrutura, função e regulação das síntases da quitina e das quitinases. *The Journal of Experimental Biology, 206*(Pt 24), 4393-4412. http://doi.org/10.1242/jeb.00709

18. Zhuo, W., Fang, Y., Kong, L., Li, X., Sima, Y., & Xu, S. (2014). Chitin synthase A: um novo gene de regulação do desenvolvimento epidérmico nas larvas de Bombyx mori. *Relatórios de Biologia Molecular, 41*(7), 4177-4186. http://doi.org/10.1007/s11033-014-3288-1

19. Bansal, R., Rouf Mian, M. a., Mittapalli, O., & Michel, A. P. (2012). Caracterização de um gene codificador de quitina sintetase e efeito do diflubenzurão no aphid de soja, aphis glycines. *International Journal of Biological Sciences, 8*(10), 1323-1334. http://doi.org/10.7150/ijbs.4189

20. Bolognesi, R., Arakane, Y., Muthukrishnan, S., Kramer, K. J., Terra, W. R., & Ferreira, C. (2005). Sequências de cDNAs e expressão de genes que codificam a quitina-sintase e a quitinase no meio do intestino de Spodoptera frugiperda. Insect Biochemistry and Molecular Biology, 35(11), 1249-1259. http://doi.org/10.1016/.ibmb.2005.06.006

21. http://www.cals.ncsu.edu/course/ent425/tutorial/integ.html

22. http://nmr.chem.uu.nl/~tsjerk/curso/molmod/

23. http://nmr.chem.uu.nl/~adrien/course/molmod/analysis2.html

CONTEÚDO

Printed by Books on Demand GmbH, Norderstedt / Germany